破解昆虫世界的秘密

天牛和红蚂蚁

周　伟◎主编

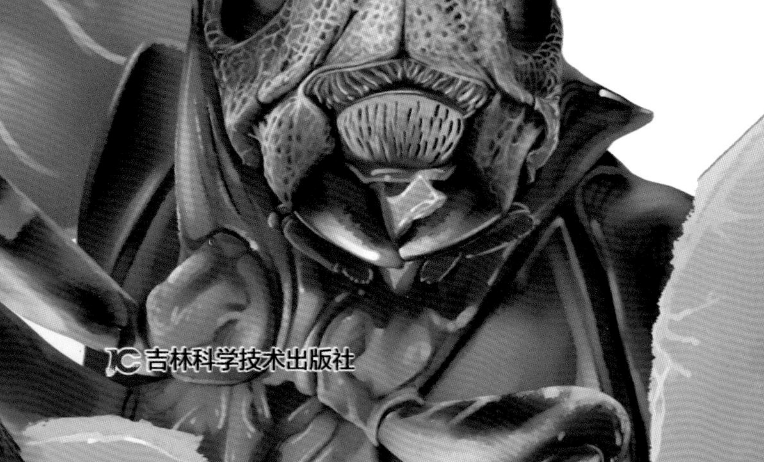

吉林科学技术出版社

目 录

天牛

红蚂蚁

天牛

在奇妙的昆虫世界里，有一种昆虫，它有一个很形象的名字——天牛。

它生下来就躺在树木中，以啃食杨树为食。它的身体总发出“咔嚓、咔嚓”的响声，很像是锯树的声音，可以说是昆虫界的伐木工人，因此又被称作“锯树郎”。

除了这些，天牛还有很多不为人知的秘密，你想知道吗？让我们一起解开这些秘密吧！

天牛的夏天

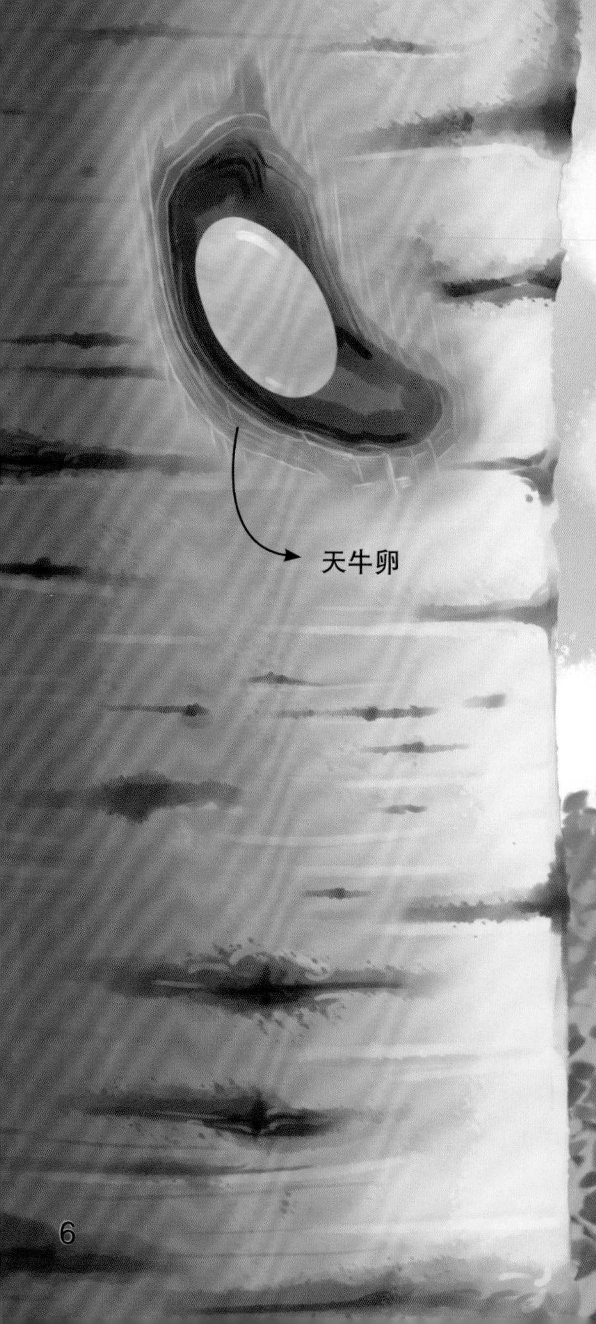

我的生命从夏天开始，出生后我就被妈妈安置在树木做成的天然“育婴房”中。我将在这里孵化、成长，直至羽化，可以说，我的一生注定要与大树做伴。

没错，我就是被人类称为“锯树郎”的天牛。

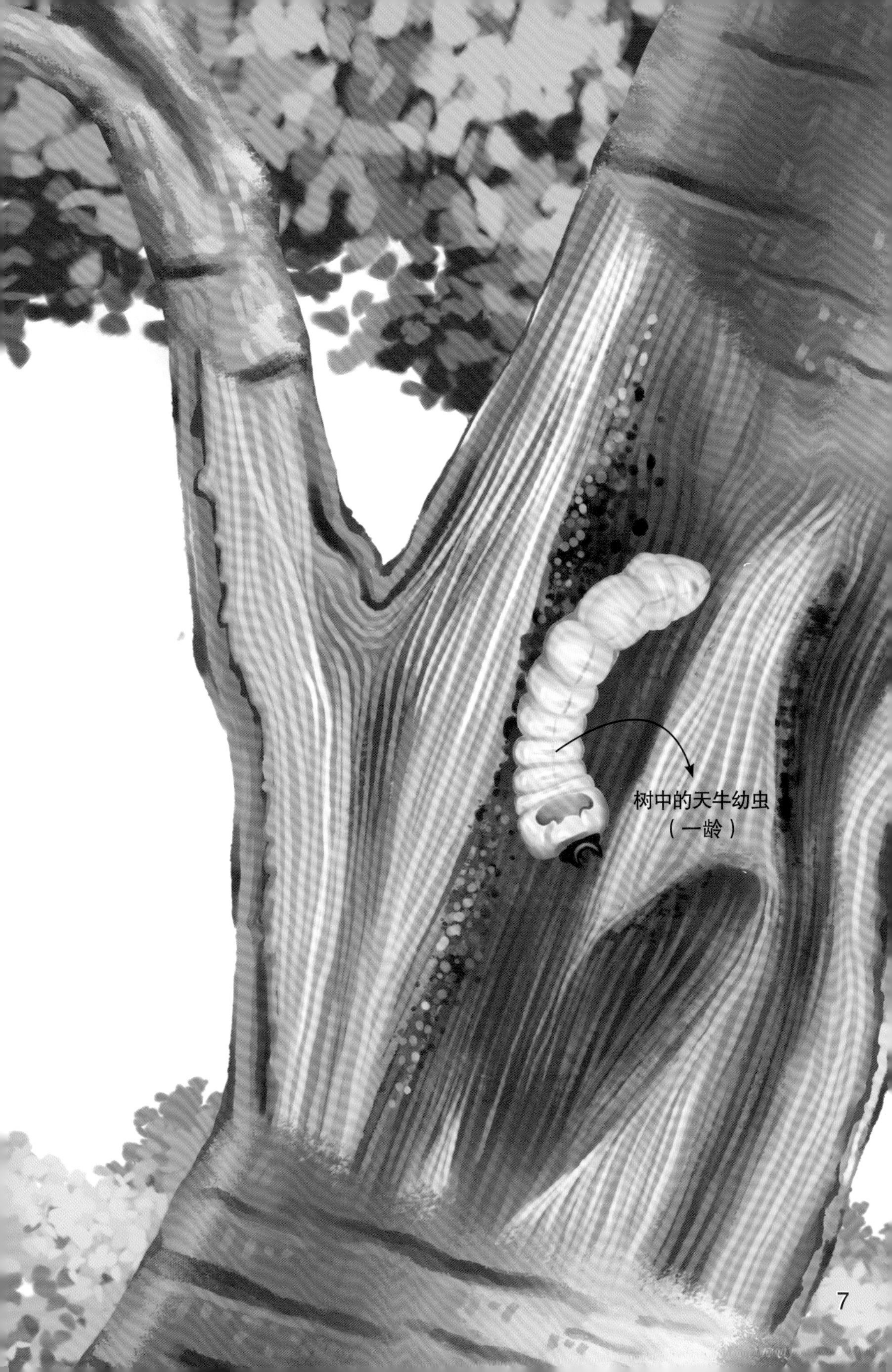
树中的天牛幼虫
（一龄）

天牛幼虫
（二龄）

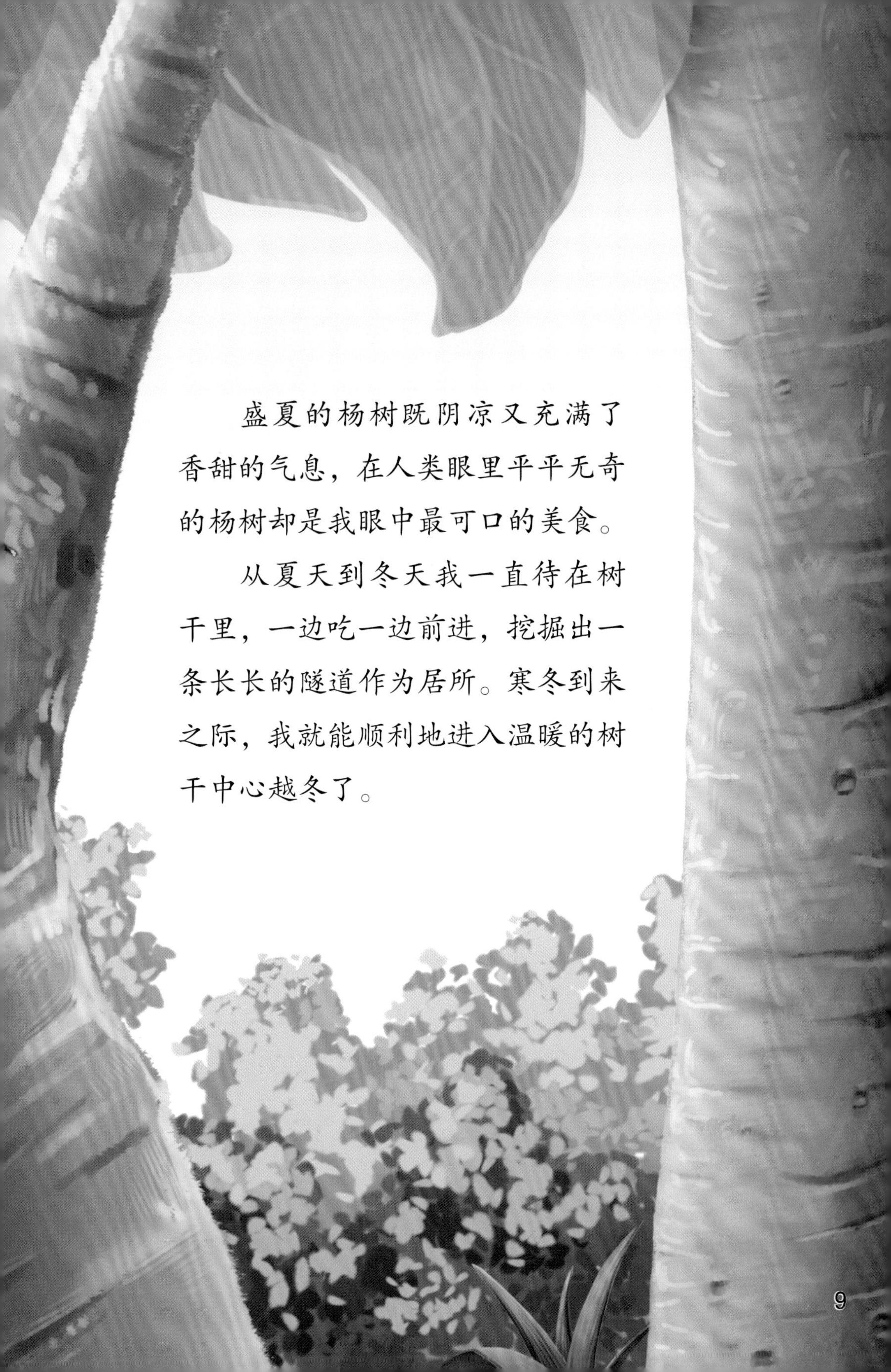

盛夏的杨树既阴凉又充满了香甜的气息，在人类眼里平平无奇的杨树却是我眼中最可口的美食。

从夏天到冬天我一直待在树干里，一边吃一边前进，挖掘出一条长长的隧道作为居所。寒冬到来之际，我就能顺利地进入温暖的树干中心越冬了。

幼虫的天敌

我们的幼年时代是非常美好的，终日无忧无虑，不必为了安家和寻找食物而烦恼，当然，没有可恶的啄木鸟在就更好了。啄木鸟是最可怕的邻居，它的嘴又尖又长，能把树木生生凿开，长长的舌头能伸向树洞里的各个角落，稍不留神我们就可能小命不保。

“咚、咚、咚……”天哪，它来了！我小心翼翼地钻到隧道底部，一动也不敢动。噩梦般的声音还在持续着，难道我的生命就要终结了吗？突然，啄木鸟发出了一阵急促的叫声后，飞走了。我暗暗松了一口气，或许啄木鸟也在被其他邻居追赶吧……

天牛幼虫（三龄）
大斑啄木鸟

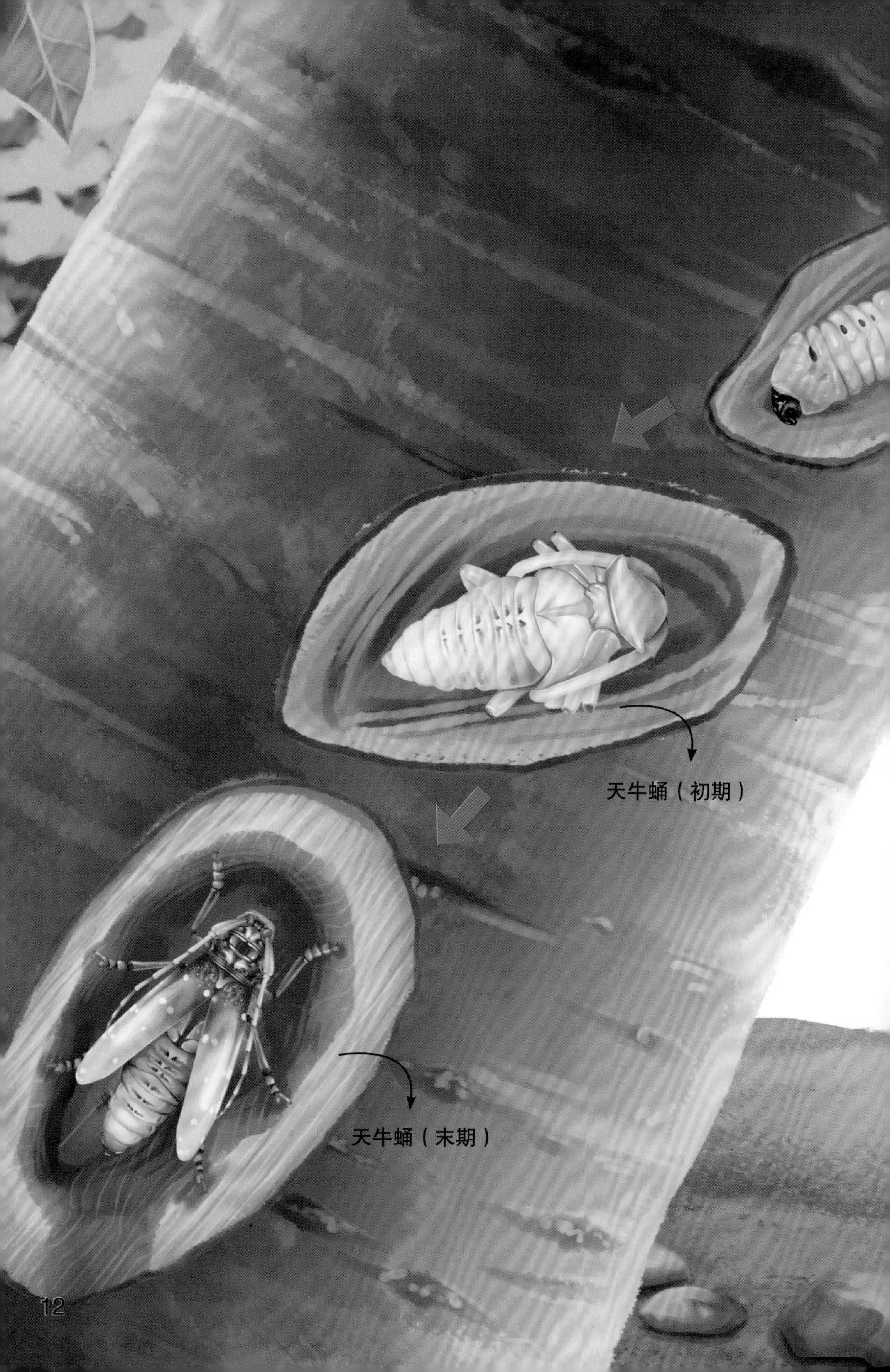
天牛蛹（初期）
天牛蛹（末期）

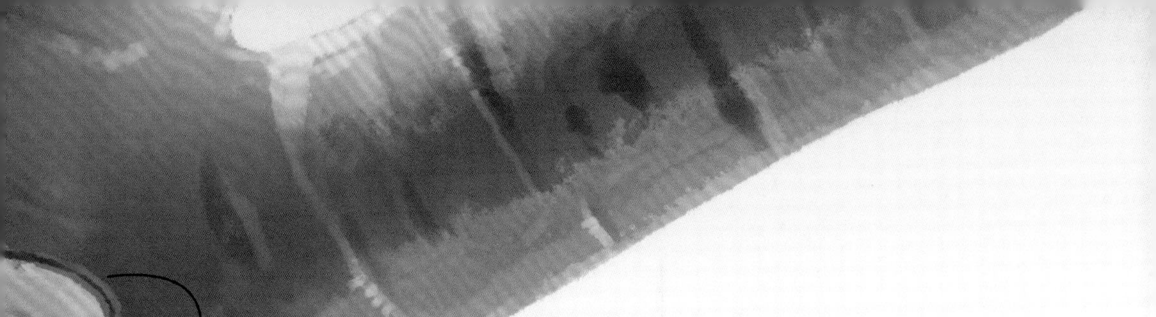

天牛幼虫（末龄）

阳春三月是我最忙碌的时候，因为我即将进入蛹期，必须提前准备一个安全舒适的蛹室，当然另外挖掘一条通向外界的隧道也是必不可少的，羽化后的我将通过这条隧道飞向外面的世界。

化蛹是一个艰难但必须经历的过程。首先我不能再吃东西，身体会慢慢变小，蜷缩成一团，从内部结构到外在形态都会发生翻天覆地的变化，原本的组织器官会改变，新的形态结构会形成。

这个过程大约需要 1 ～ 2 个月，虽然漫长，但我知道经历了这个痛苦的阶段之后，就能迎来崭新的生命。

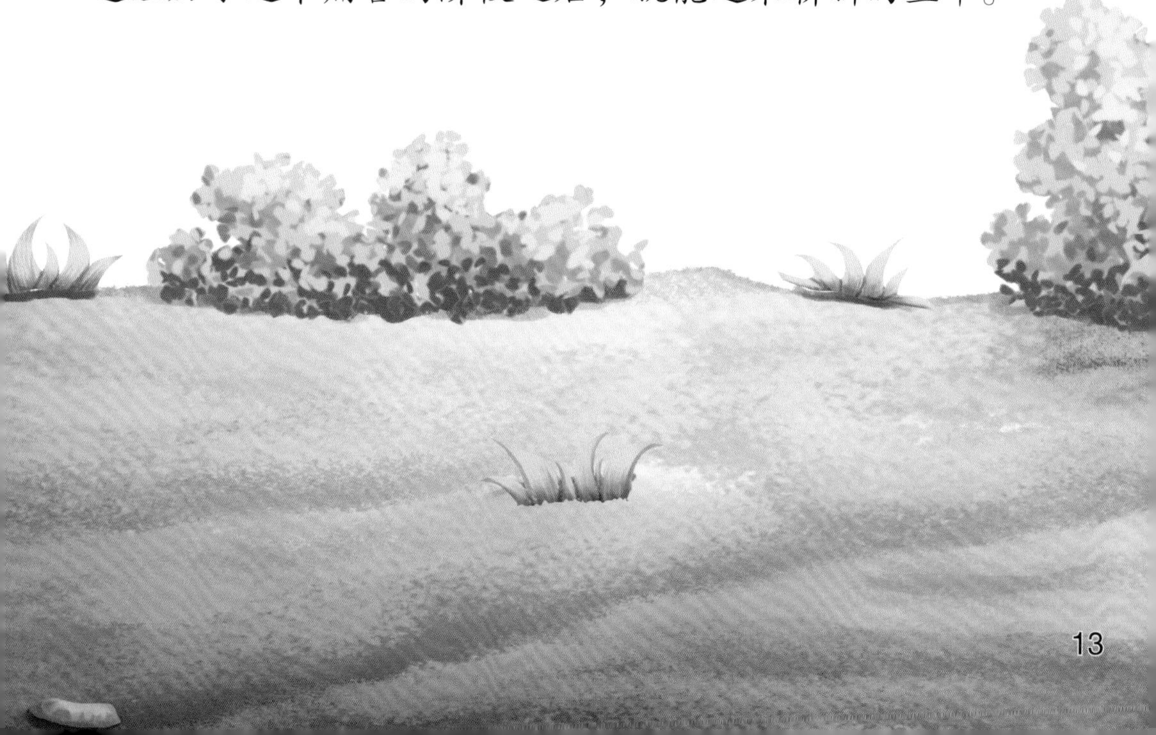

天牛的一生

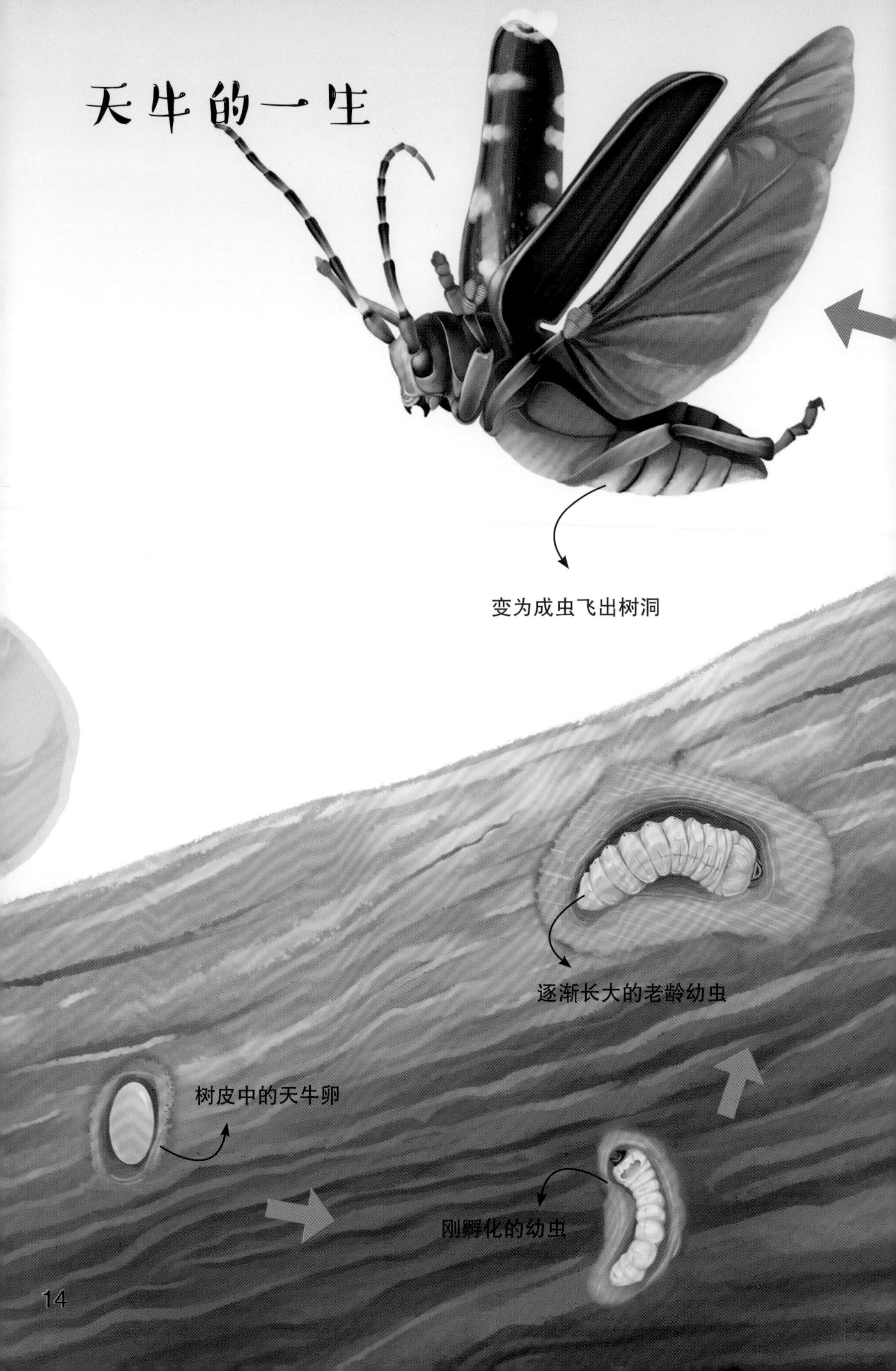

变为成虫飞出树洞

逐渐长大的老龄幼虫

树皮中的天牛卵

刚孵化的幼虫

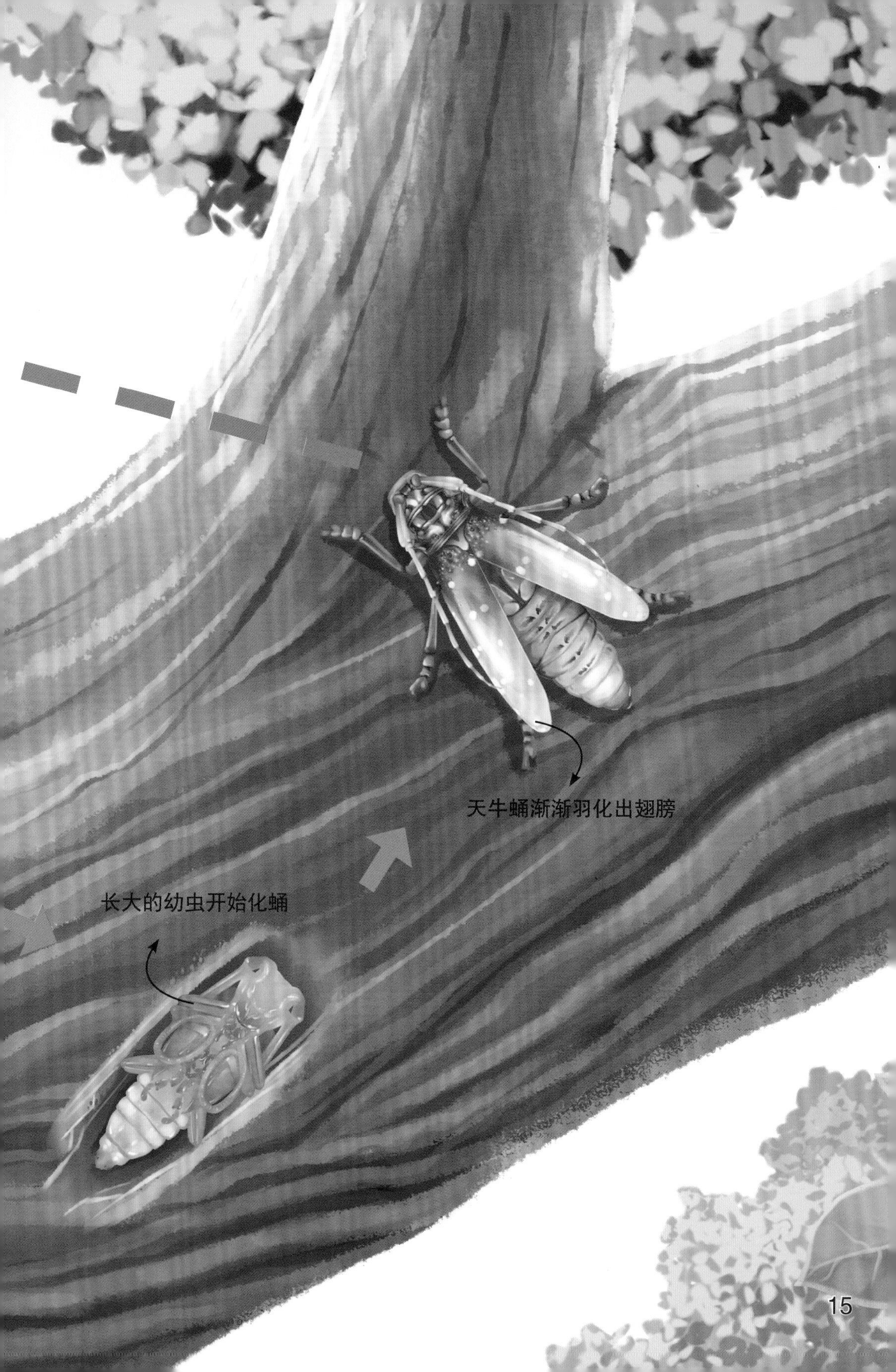
天牛蛹渐渐羽化出翅膀
长大的幼虫开始化蛹

成年的天牛呈长圆筒形，背部略扁，体色随种类而有所不同。我们常见的星天牛鞘翅上具有像星星一样的白色斑点，特别漂亮。天牛最大的外形特征就是它们那长长的触角，雌虫的触角比身体稍长，而雄虫的触角比身体长一倍不止。它有一双大大的眼睛，两颗大门牙像一把大钳子，能轻易地嚼碎树皮。

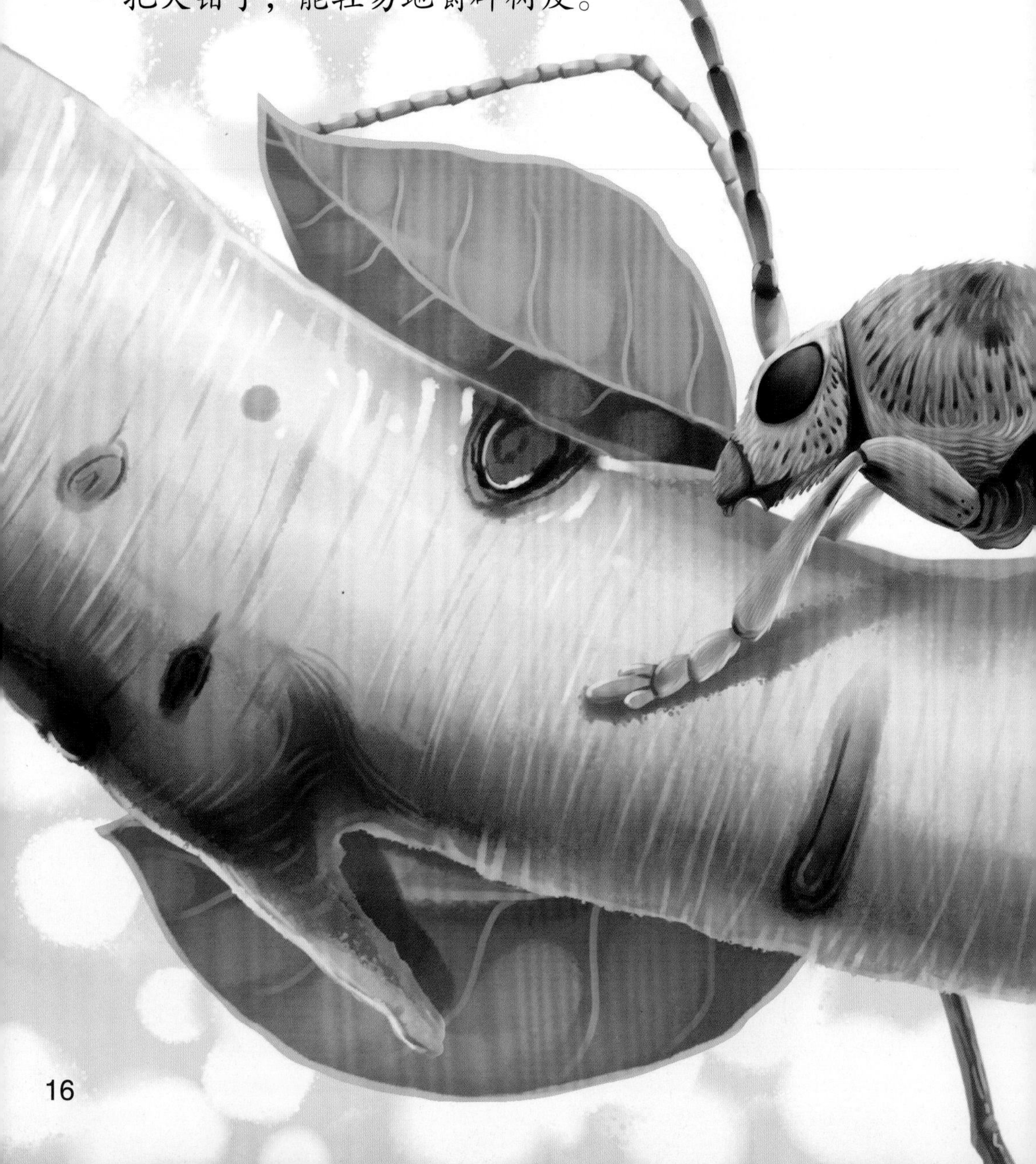

天牛的身体

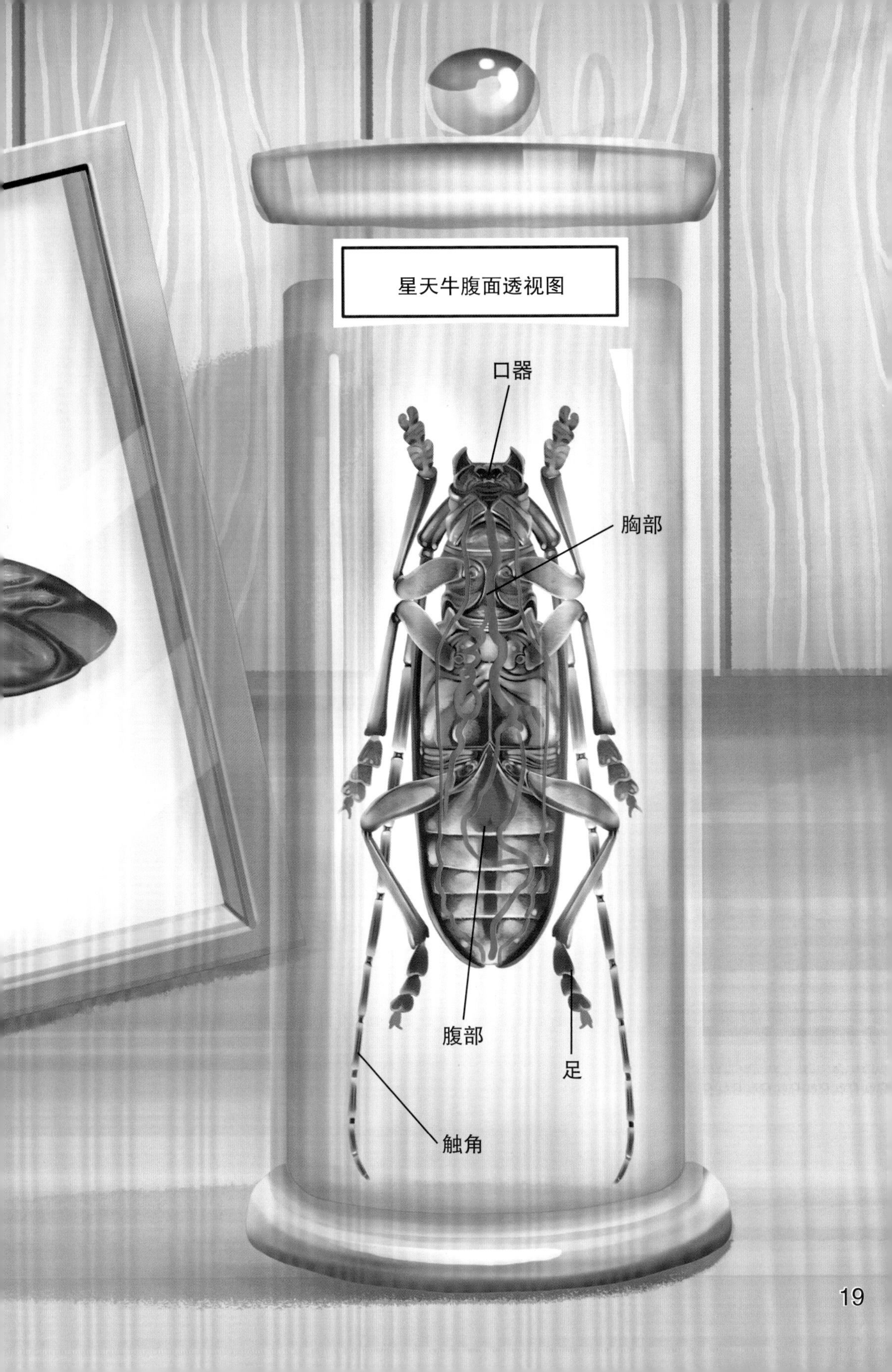
星天牛腹面透视图
口器
胸部
腹部
足
触角

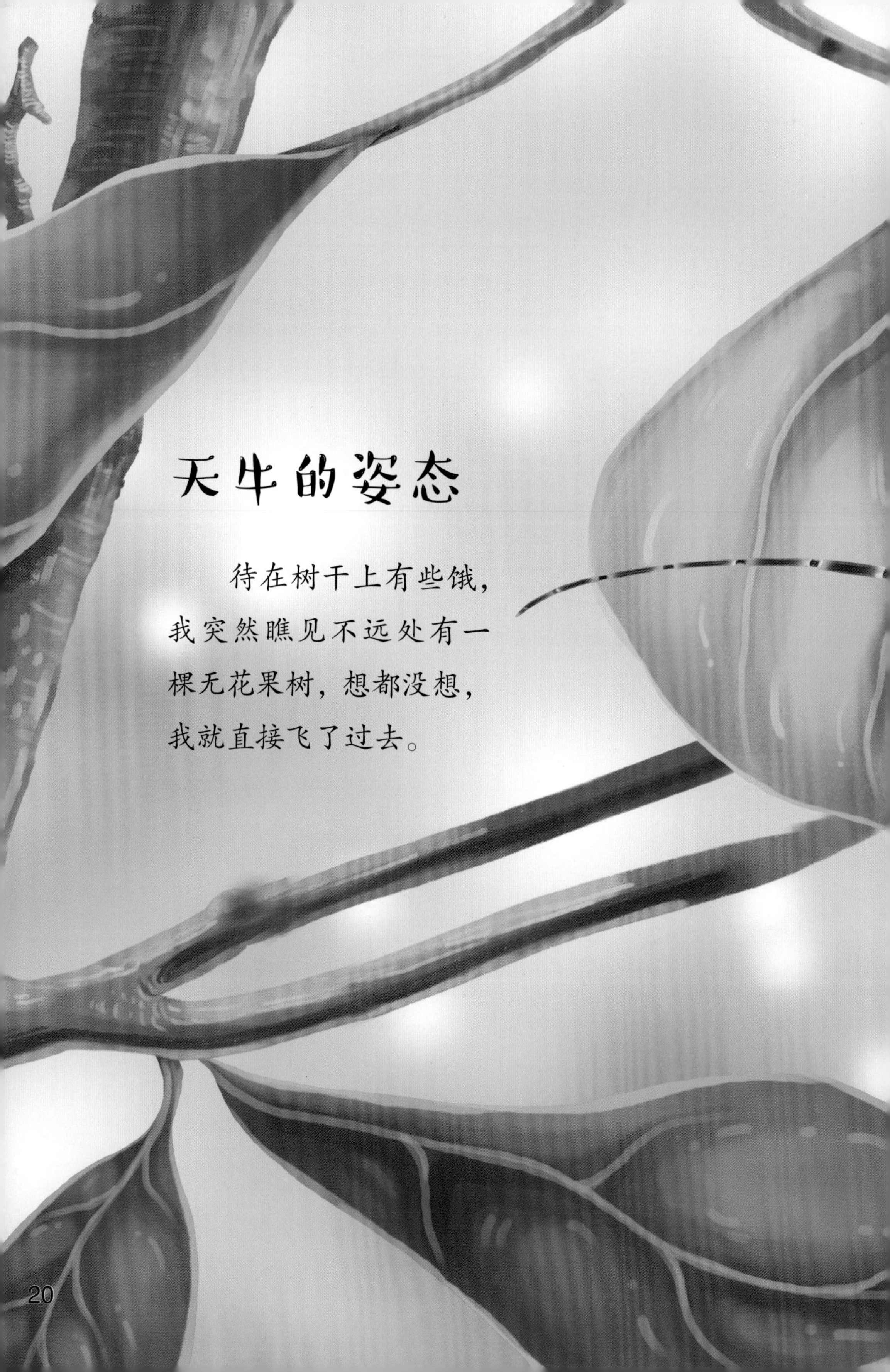

天牛的姿态

待在树干上有些饿，我突然瞧见不远处有一棵无花果树，想都没想，我就直接飞了过去。

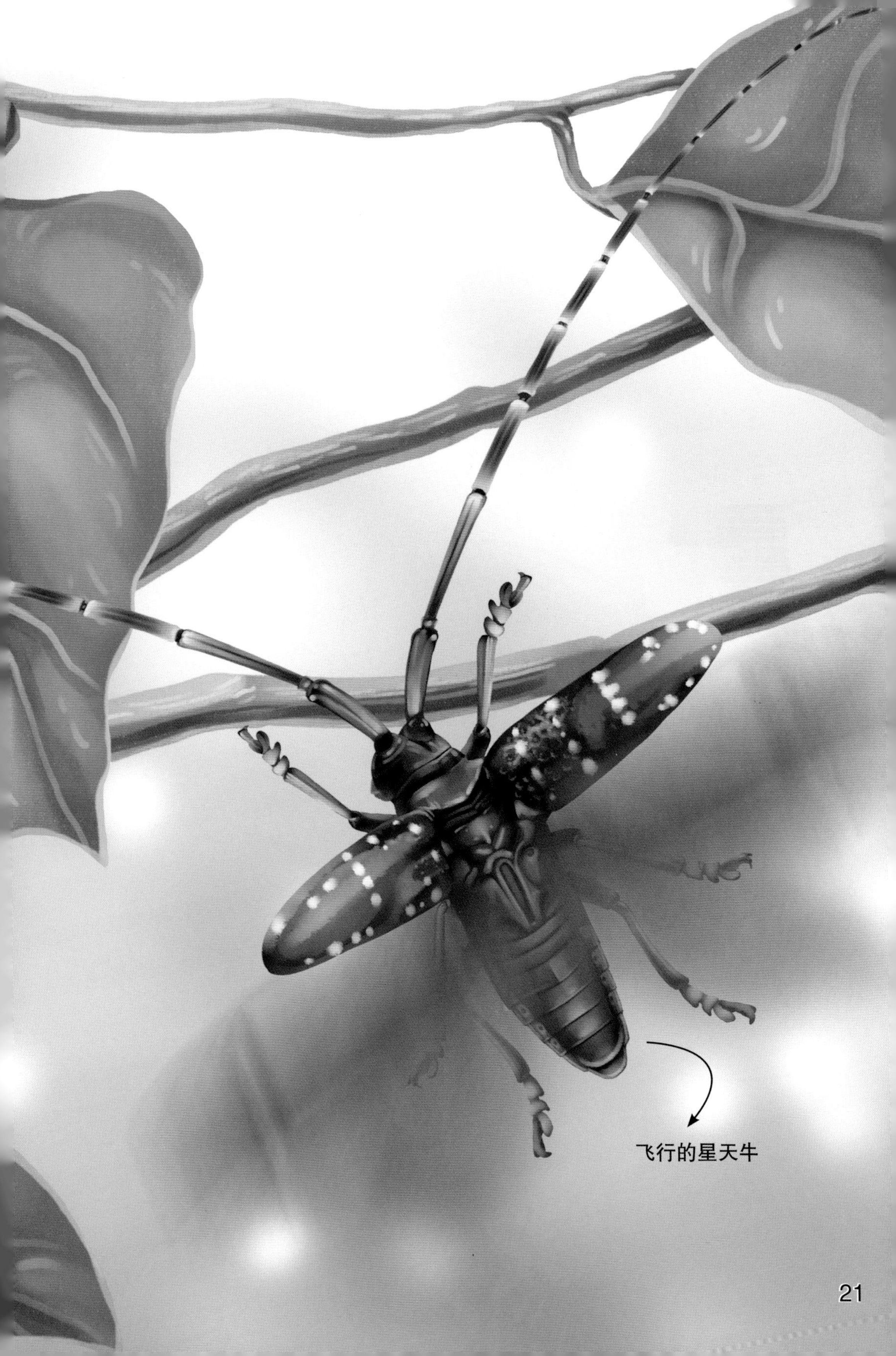
飞行的星天牛

大颚
天牛口器剖视图
（正面）
天牛口器剖视图
（侧面）

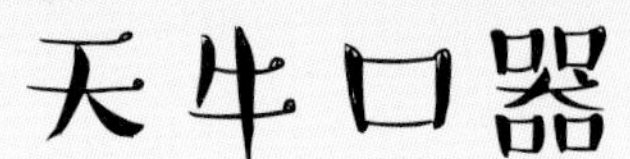

天牛口器

这是我最爱的休憩所，藏在阴凉的树叶下，大口大口咀嚼着甘甜的嫩叶，简直没有比这更享受的事了。

“咔嚓、咔嚓……”咦？还有谁在这里？

进食中的星天牛

星天牛（雌）

雌雄分辨

只见不远处的树枝上还有一只天牛，它的身体比我的小，但触角却比我的长，这是一个男孩子。它的背上长着星星点点的白斑，看来也和我一样是星天牛家族的。

天牛的家族

整个天牛族群非常庞大，虽然在人类眼中我们都是爱啃树木的“锯树郎”，但对我们自己来说，各种各样的天牛都是不一样的。我们的大小、颜色、花纹都千差万别。

桃红颈天牛
深山天牛

天牛产卵

六到七月是繁殖产卵的时期，成年的我最大的使命便是生下自己的后代。生卵宝宝前我会先用上颚咬破树皮，然后把产卵管插入，将卵产在其中。我希望它们也能像我一样健康地长大。

而我的生命从夏天开始，也将在夏天结束……

星天牛交配

星天牛交配

正在产卵的星天牛

捕捉天牛

炎热的夏天来了，天牛们也迫不及待地爬出了树洞。捉天牛的方法很多，如用虫网捕、用瓶子扣，不过这些方法都没有直接用手捉来得有趣。

先从天牛背后小心翼翼地接近它，然后用食指和大拇指夹住它脖子下端，它就逃不了了。千万别轻易捉胡须哦，因为这很有可能被它顺着胡须爬上来咬你一口。

星天牛（雄）

星天牛（雌）

喂养天牛

1. 准备一个饲养箱，大的小的都可以，最好是透明的，上面加盖，以防天牛飞走。

2. 在箱里放入泥土、枯木和树枝。

3. 放入抓到的天牛。

4. 天牛喜欢食树皮、花、叶、果实等食物，可以找些容易获得的食物去喂它们。

5. 喷些水雾，保持箱内湿度。

星天牛（雄）

神奇的中药材

在很多人的印象中天牛就是一种危害树木的昆虫，危害了树木自然也会间接影响到人类，所以人们多称其为害虫。这的确是事实，无论多么喜爱天牛，视天牛为童年不可缺少的小伙伴，它们对树木来说都是不折不扣的掠食者。

然而我们却没有必要完全否定天牛，很多人都不知道天牛对人类的作用。早在千百年前中国古人就发现了，原来天牛可以治病。而且不同的天牛可以治疗不同的疾病，比如桑天牛能治疗腰背疼痛，星天牛能治疗跌打损伤，云斑天牛还能治疗小儿惊风。

红蚂蚁

说到蚂蚁，大家一定觉得再寻常不过了。但是，关于红蚂蚁大家了解多少呢?

红蚂蚁以懒惰闻名，它是蚁族中最特殊的一个群体。它可不像其他的蚂蚁那样勤劳，每天忙忙碌碌——生养儿女、储藏食物。既然这么懒惰，那它吃什么呢？为什么它在蚁族中还占有一席之地?

要解开谜团我们就要进入红蚂蚁的生活，看看它生活的世界是什么样子。

红蚂蚁之语

我的家在湿润的泥土里。我从未见过爸爸，妈妈生下我之后，没过多久就不管我了，它只负责产卵。照看我的是一群黑蚂蚁，它们被我们的兵蚁从黑蚂蚁的巢穴中抢过来，成为了我们的仆人，替我们承担一切繁重的工作。在黑蚂蚁的精心看护下，我终于破卵而出。

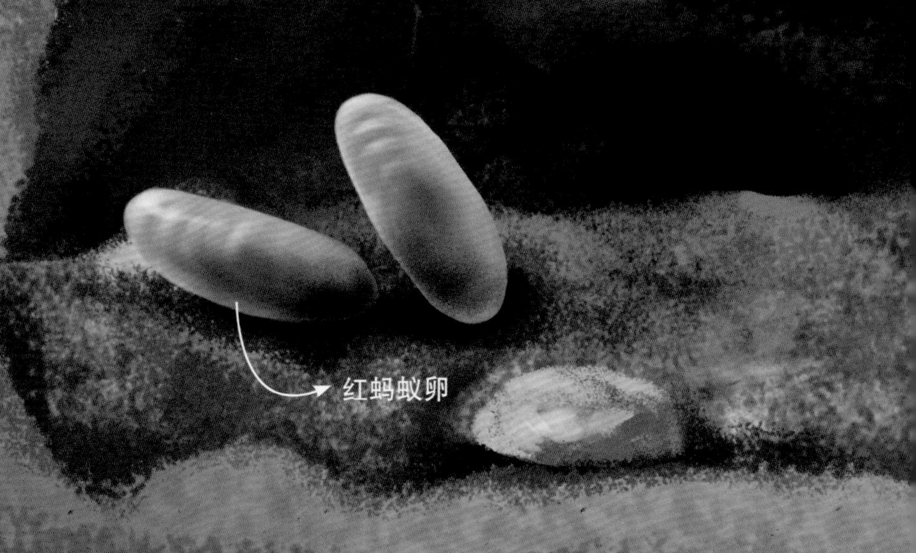

红蚂蚁卵

黑蚂蚁（工蚁）
红蚂蚁幼虫（一龄）

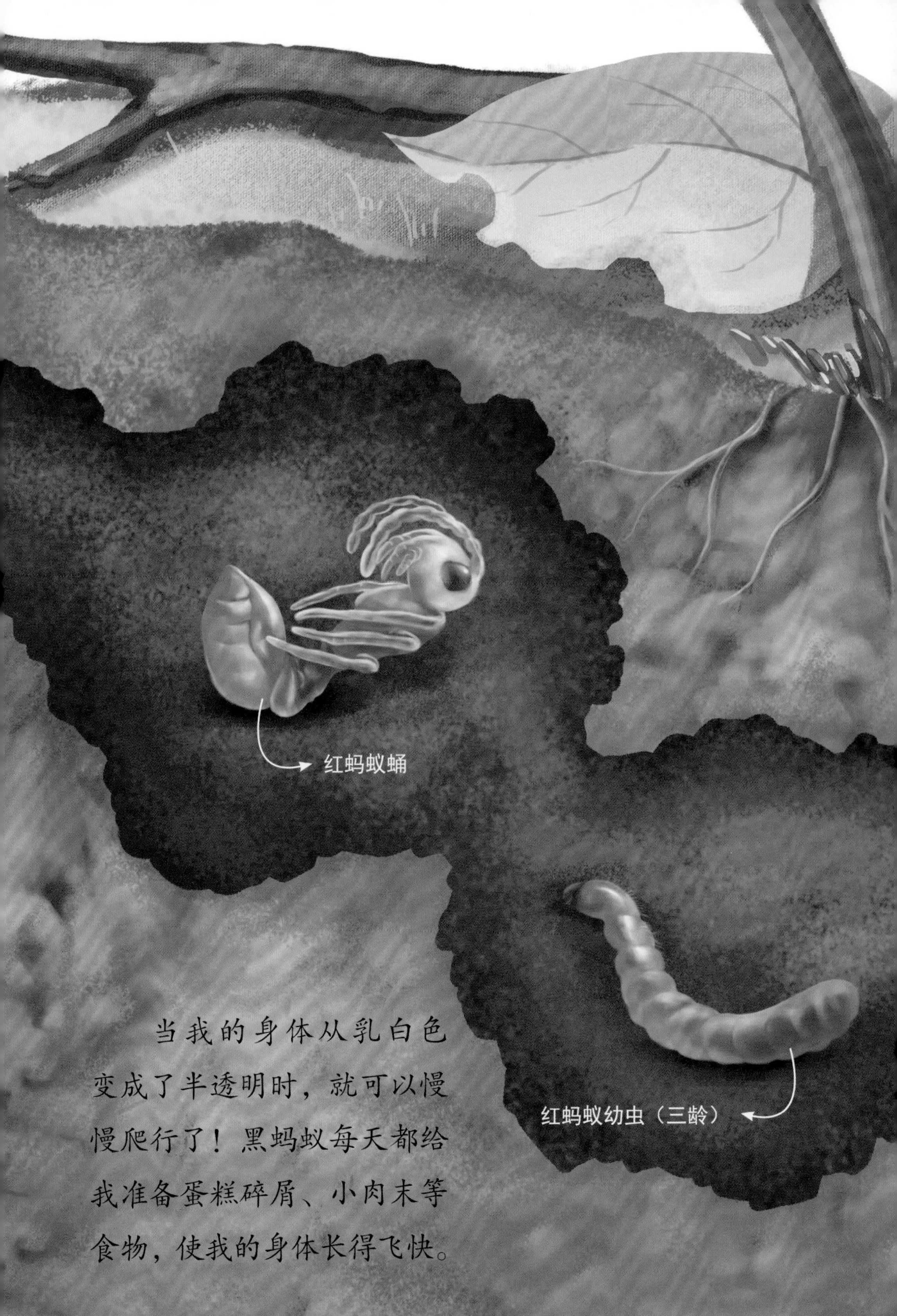

当我的身体从乳白色变成了半透明时，就可以慢慢爬行了！黑蚂蚁每天都给我准备蛋糕碎屑、小肉末等食物，使我的身体长得飞快。

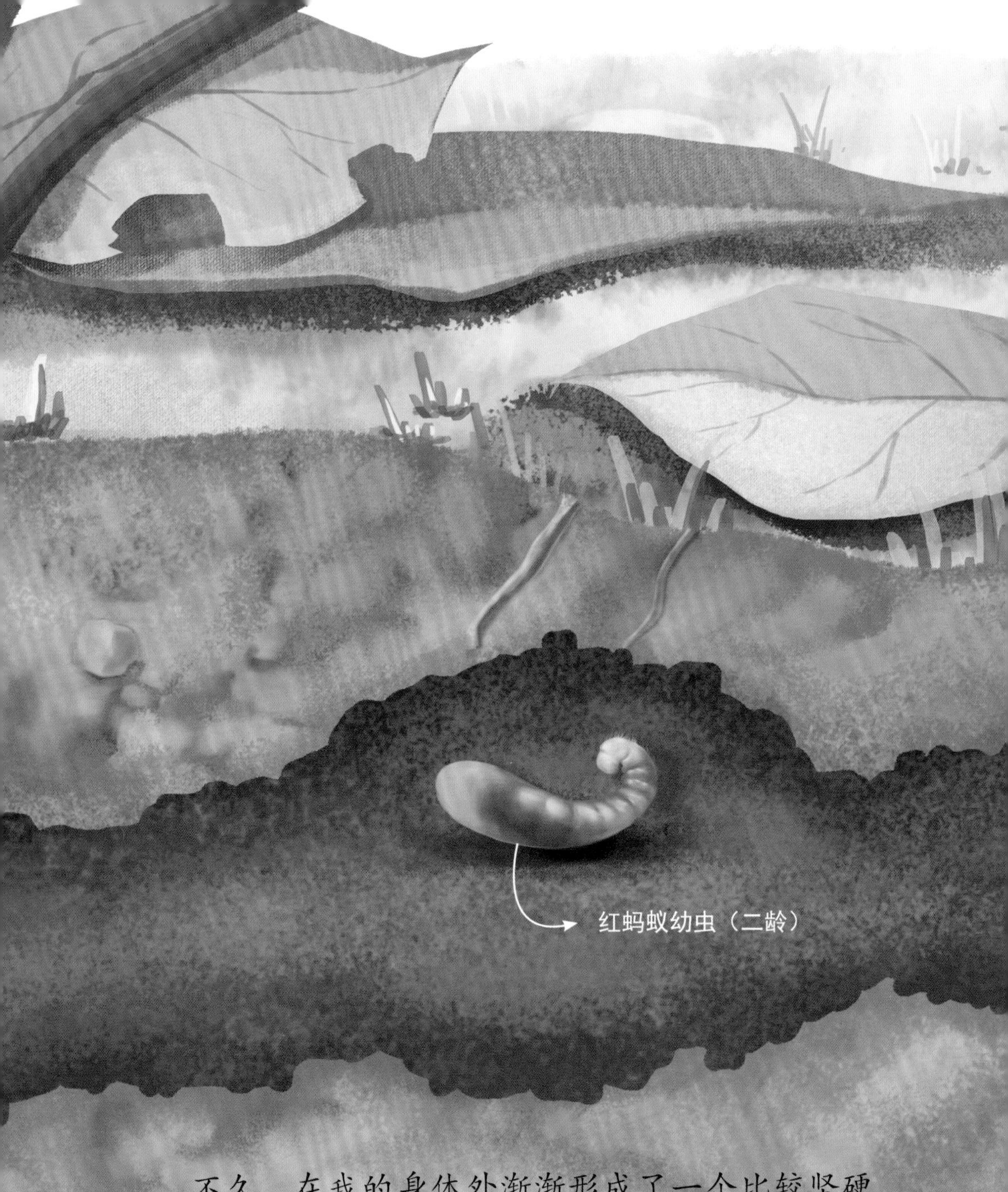

不久，在我的身体外渐渐形成了一个比较坚硬的外壳，它被称为蛹，这段时间我将不吃不喝地待在里面。大约一个月后，蛹皮裂开了一道细缝，我用嘴把缝咬得更大，然后爬了出来。

红蚂蚁的一生

红蚂蚁卵
红蚂蚁幼虫
（初龄）
红蚂蚁幼虫（末龄）
红蚂蚁蛹

红蚂蚁的身体

红蚂蚁（工蚁）的身体呈暗红色，头上有1对黑色的复眼，1对触角，口器好像一把弯弯的钳子。

繁殖蚁胸部长有3对足，背上还有2对翅膀，肚子圆鼓鼓的，拖在后面。

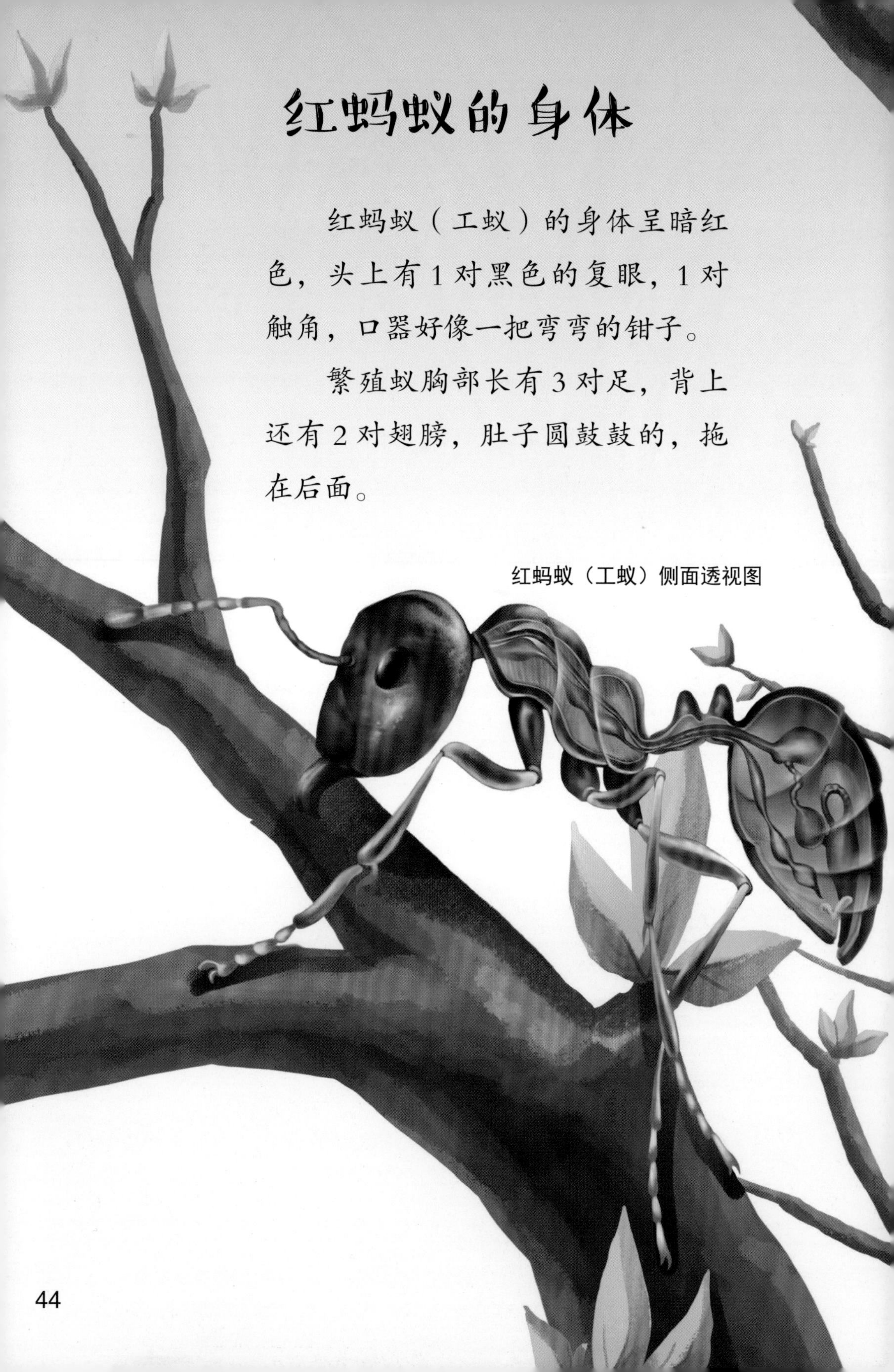

红蚂蚁（工蚁）侧面透视图

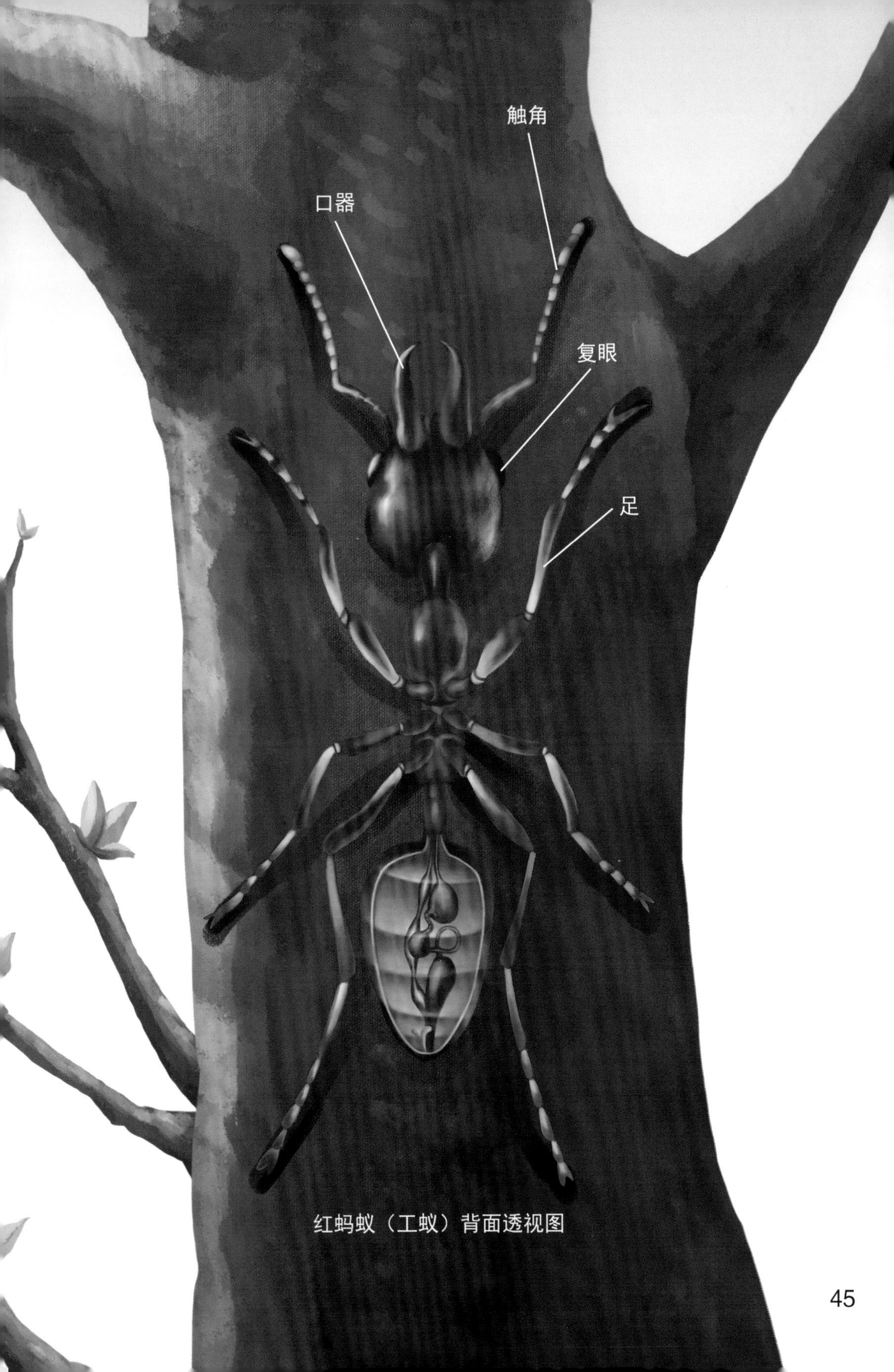

红蚂蚁（工蚁）背面透视图

雌雄分辨

温暖的阳光，绿油油的植物，外面的世界真美好！我张开翅膀尽情地在空中飞翔。咦？后面有一群男同伴在追我！我飞得越发带劲儿了，一会儿，一大群同伴就被我甩在身后。正得意着，哪知有一只已经追上我了。

红蚂蚁（雌）

红蚂蚁的天敌

“你真是个飞行健将，我总算追上你了！”它气喘吁吁地说。

“假如咱们能飞一辈子就好了！”我叹口气说。

“你怎么会这么想呢？”

“不久前我居住的巢穴受到食蚁兽的袭击。食蚁兽太强大了，它有一条神奇的舌头，上面遍布小刺并富有大量的黏液，可以伸进蚁穴，只要被它的舌头黏到就没命了。那一夜我们损失了很多兄弟姐妹。”

红蚂蚁的家族

“你也不要太伤心了，我们是蚁族里最强大的统治者。说到打仗，我们可比世界上的任何蚂蚁都要强。”

“嗯，这倒没错儿。”

“我们蚁族遍布世界各地，还有很多有趣的种类，如切叶蚁、马达加斯加神秘蚁、行军蚁、印度跳蚁等。”

红蚂蚁（雌）

短暂的相遇

和男孩儿一起生活的日子总是短暂的，不久男孩儿就离开了这个世界。

后来，我成了蚁后。

我的身上会产生一种物质抑制其他蚂蚁的生育，而我以后的任务就是生卵宝宝。

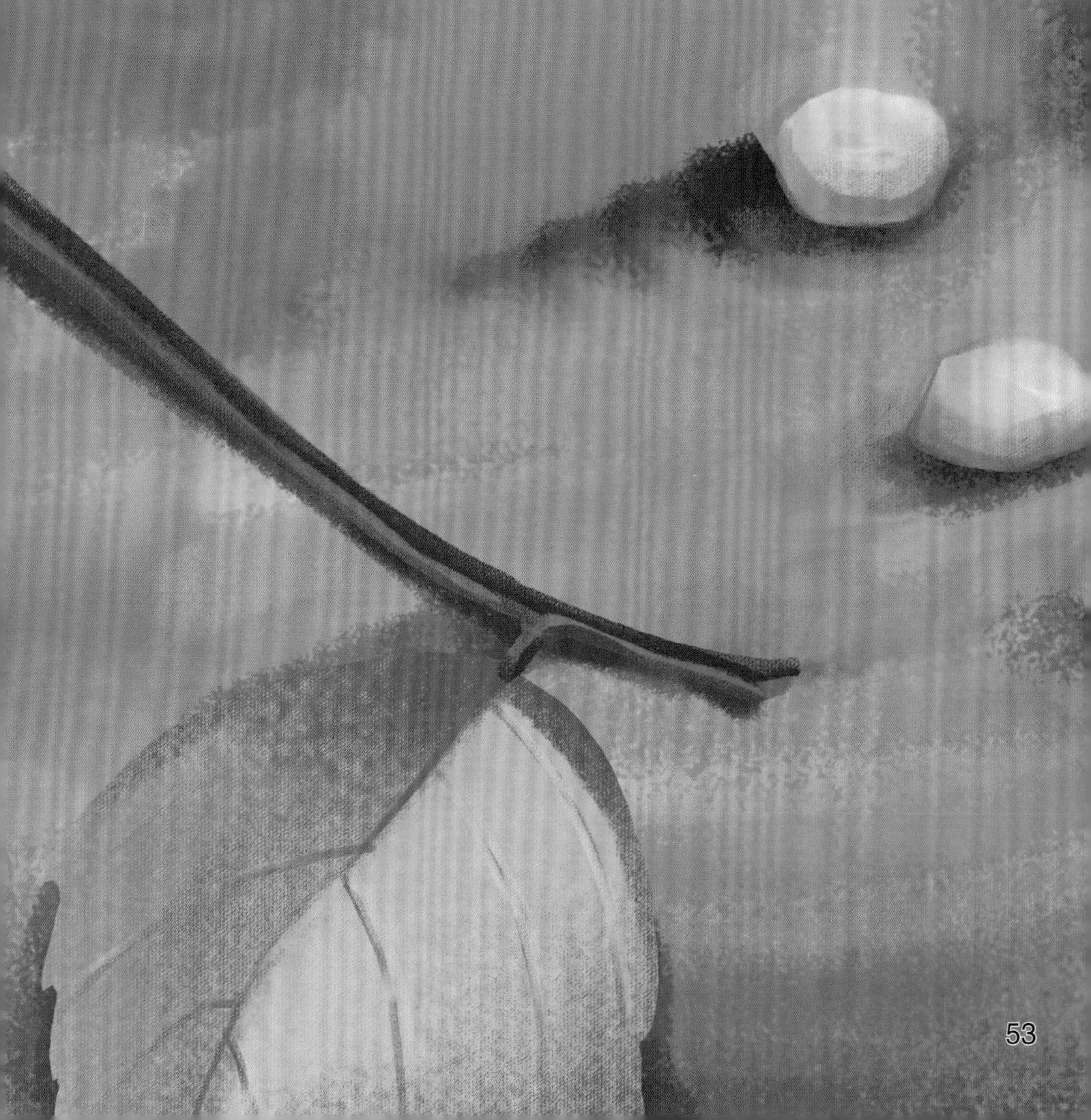

不久我的翅膀脱落了，我慢慢地爬回家，准备产卵宝宝。由于肚子太大行动不便，我每天都待在房间里。我很喜欢吃甜食，而蚜虫的尾部会排出一种含糖的物质。在准备产卵宝宝前我就把蚜虫运回巢穴中，拍打蚜虫的屁股，再把白色的蜜汁储存起来，以备日后食用。

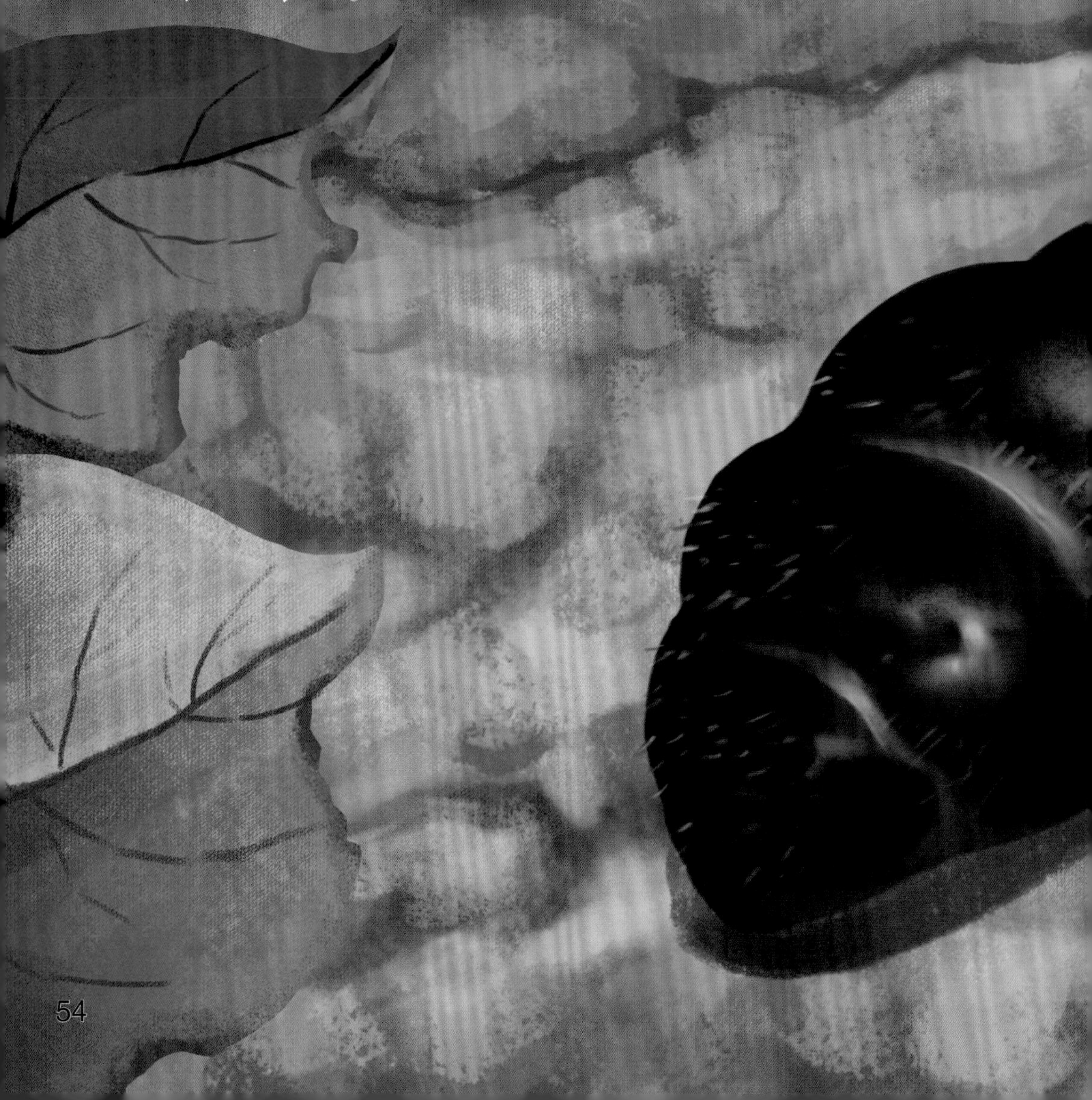

准备产卵的红蚂蚁（蚁后）

产卵中的红蚂蚁（蚁后）

红蚂蚁产卵

肚子越来越大，终于，我生下一堆卵宝宝。除了自己抚养外，工蚁也会来帮忙。

不久后，孩子们长大了，工蚁也因为劳累过度而大批死亡，我们需要一些黑蚂蚁来照顾我们的生活起居。

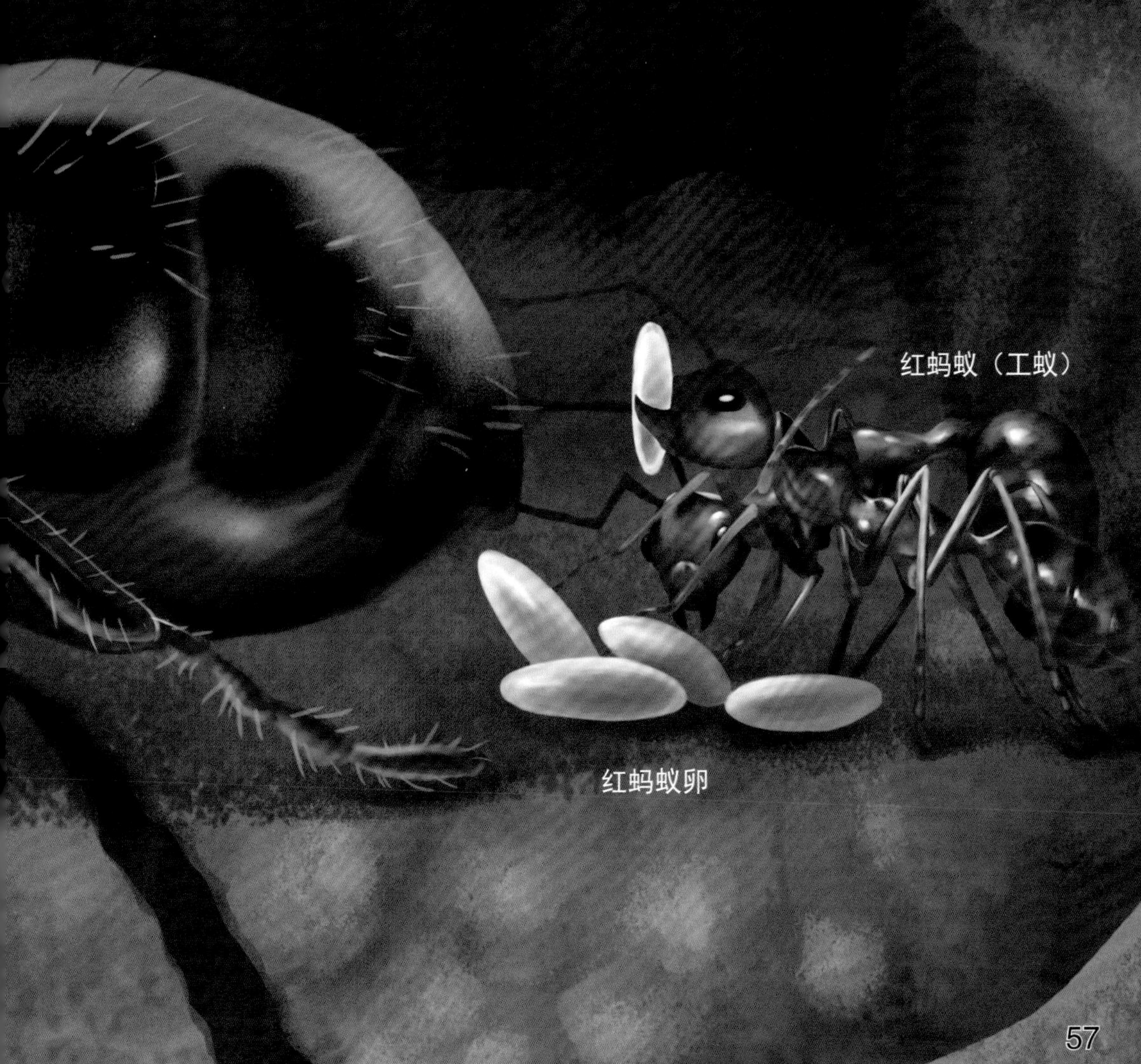

红蚂蚁与黑蚂蚁打斗

一个夏天的下午，我下令让巢穴中身强力壮的战士们去抢夺黑蚂蚁们的孩子。它们找到黑蚂蚁的巢穴后，经过一阵激烈交锋，战士们终于把黑蚂蚁的孩子拖了出来。

凭着对周围景物的判断和极强的记忆力，战士们沿原路返回，又将抢来的黑蚂蚁们抚养长大。等这些小东西成年后我们就有了新的仆人。

红蚂蚁的食物

冬天快来了，该准备过冬的粮食了，上次抢来的黑蚂蚁仆人们也成年了。我指挥它们搬运蚜虫等食物到巢穴内过冬。

冬去春来，就这样许多年过去了，我的孩子很多都成了新的蚁后，它们也开始产下卵宝宝了，而我的身体却越来越弱，我要告别它们了。

学捉红蚂蚁

观察红蚂蚁的活动非常有趣，捉红蚂蚁的方法也很多，这里向小朋友们介绍一个最常用的方法。

将一块手掌大小的塑料布摊在蚂蚁经常活动的地上，上面放些蛋糕的碎屑、小粒蜜糖等蚂蚁喜欢吃的食物，然后站在不远处等候、观察，等到有较多蚂蚁前来吃东西或搬运食物时，就可将塑料布收起，四个角捏牢，送到饲养箱中。

黑蚂蚁的复仇

我们抢了黑蚂蚁的孩子，黑蚂蚁们忍受不了骨肉分离的痛苦，决定把孩子抢回来。

它们来到我们的巢穴。黑蚂蚁采用声东击西的战术，把守卫骗了过去，然后径直进入洞中，双方开始了一场厮杀。

战争进行了两三天，我们有点支持不住了，但是我们是不会向黑蚂蚁屈服的！在不懈的坚持下，我们终于把黑蚂蚁打得落花流水，赶出了蚁巢。

读书笔记（天牛）

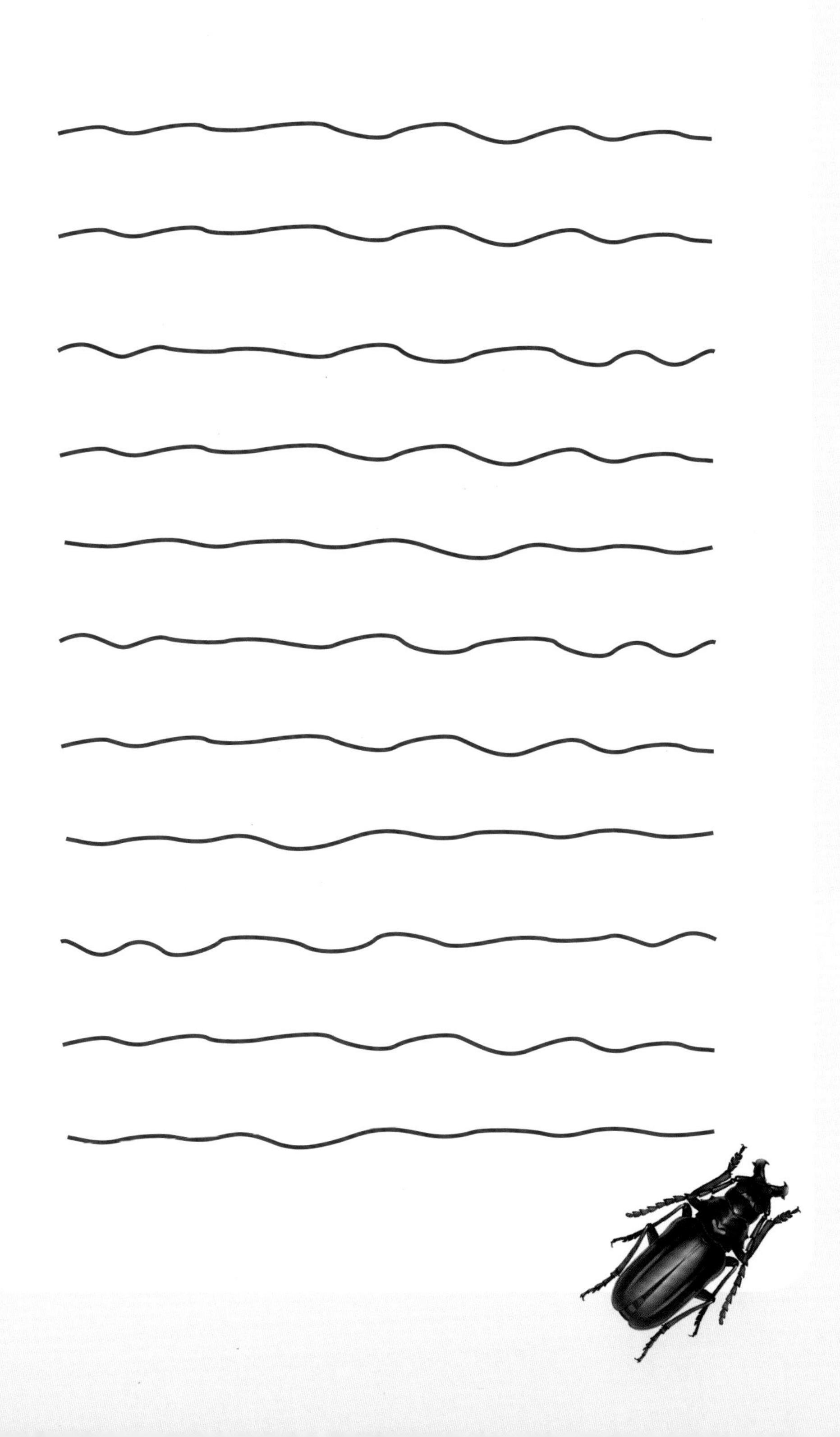

读书笔记（红蚂蚁）

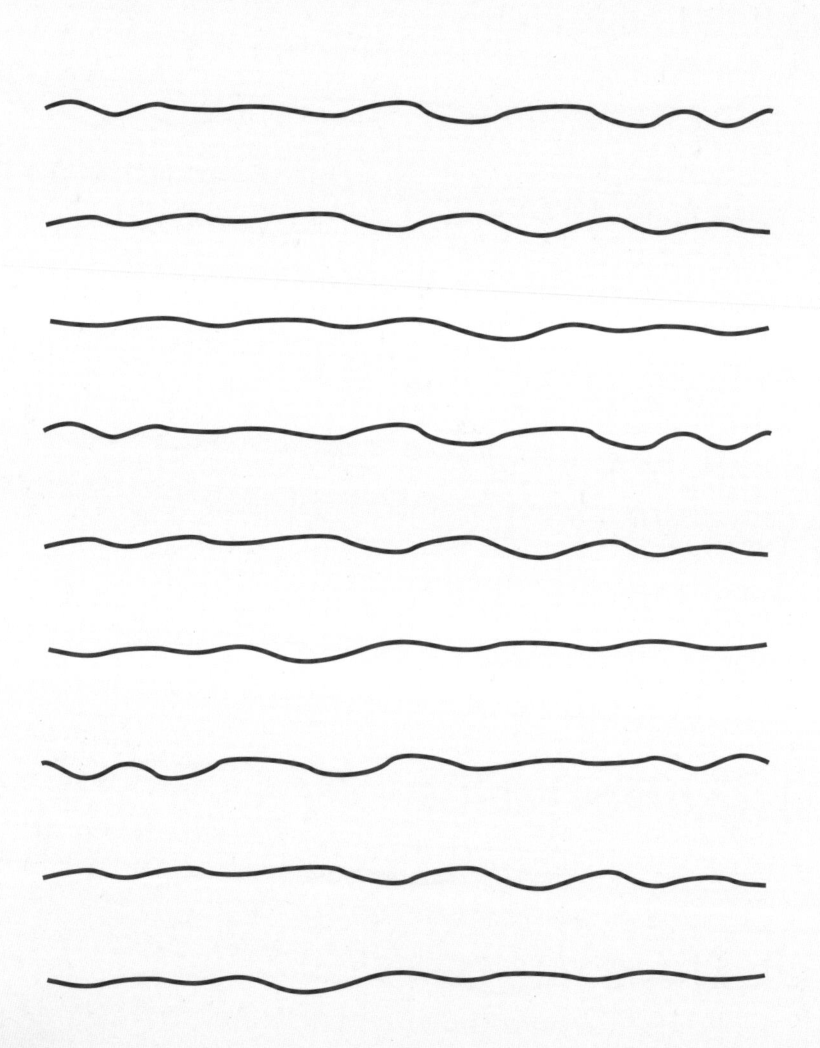

图书在版编目（CIP）数据

破解昆虫世界的秘密 . 天牛和红蚂蚁 / 周伟主编
. -- 长春 : 吉林科学技术出版社 , 2021.9
ISBN 978-7-5578-8543-4

Ⅰ . ①破… Ⅱ . ①周… Ⅲ . ①天牛科 - 儿童读物②红蚁 - 儿童读物 Ⅳ . ① Q96-49

中国版本图书馆 CIP 数据核字 (2021) 第 159931 号

破解昆虫世界的秘密 天牛和红蚂蚁

POJIE KUNCHONG SHIJIE DE MIMI TIANNIU HE HONGMAYI

主　　编　周　伟
出 版 人　宛　霞
责任编辑　王旭辉
封面设计　长春美印图文设计有限公司
制　　版　长春美印图文设计有限公司
幅面尺寸　167 mm × 235 mm
开　　本　16
字　　数　57 千字
印　　张　4.5
印　　数　1—5000 册
版　　次　2021 年 10 月第 1 版
印　　次　2021 年 10 月第 1 次印刷

出　　版　吉林科学技术出版社
发　　行　吉林科学技术出版社
地　　址　长春市福祉大路 5788 号
邮　　编　130118
发行部电话 / 传真　0431-81629529　81629530　81629231
　　　　　　　　　81629532　81629533　81629534
储运部电话　0431-86059116
编辑部电话　0431-81629517
印　　刷　吉林省创美堂印刷有限公司
书　　号　ISBN 978-7-5578-8543-4
定　　价　24.80 元